www.ingramcontent.com/pod-product-compliance
Lightning Source LLC
Chambersburg PA
CBHW081003170526
45158CB00010B/2898
* 9 7 8 1 0 7 0 4 4 8 7 0 1 *